AF586961

EXPRESSIONS D'OBSCURITÉ

EXPRESSIONS D'OBSCURITÉ

C. BONNIER

LIVERPOOL
THE LYCEUM PRESS, 37 HANOVER STREET
1908

à JOSEPH BÉDIER

BONHEUR CONJUGAL

'Je treuve dedans mon bréviaire que en la révélation fut, comme chose admirable, veue une femme, ayant la lune sous les pieds : c'estoit, comme m'a exposé Bigot, pour signifier qu'elle n'estoit de la race et nature des autres, qui toutes ont, à rebours, la lune en teste et par conséquent le cerveau toujours lunatique.—(Rabelais, *Pantagruel* v. 32)

C'était en la plus longue de nos soirées ; son mari était absent. Il avait dit : 'Je vais revenir ; tenez compagnie à ma femme.' Terrible corvée, d'ordinaire. Mais, cette fois-là, à l'air de Mrs. B**, tandisqu'elle contemplait les dessins serpentins du feu, j'avais cru deviner un mystère, tombant des rideaux lourds, incité par des craquements subtils dans les coins noirs, que ne pénétrait la lueur concentrée de la lampe, mais qu'atteignaient en éclair des ardeurs subites du foyer. Nous étions seuls. C'est alors que sa face jusque-là insignifiante de maîtresse de maison sembla prendre une intimation tragique. J'étais—cela est évident—arrivé au bon moment, et le mari, brave ami mais excellent surtout d'être parti, ne laissait aucun vide. Il n'y avait pas de place pour lui. Quant à moi, je n'étais pour elle qu'un prétexte à confidences.

Elle rit soudain d'un rire sec—une toux plutôt—et me regarda. 'Comme il fait calme, ici, n'est-ce pas ? On n'entend aucun bruit dans l'allée ; à peine si un cab roule de temps à autre. La lampe, seule, nous éclaire trop, surtout pour ce que j'ai à vous dire. Vous êtes aujourd'hui mon confesseur,' me dit-elle, 'mais vous conserverez le secret de la confession. Elle implique d'ailleurs le secret.'

Un peu étonné de cet exorde *ex abrupto*, je crus spirituel de lui répondre : 'J'écoute vos péchés, mon enfant ; je vous dispense du Confiteor.'

'Oh, c'est bien simple,' reprit-elle, et sa voix eut un ton dur : 'J'ai tué mon mari, voilà.'

Je la regardai, un peu surpris. Mrs. B** était généralement considérée une de ces personnes dont leurs amies ne disent rien. Elle avait épousé ce bon Jean et on les citait, dans les tea-parties, comme un ménage modèle. J'avais parfois soupçonné en elle une fêlure, un craquement, à certains gestes étranges et des silences parfois funéraires, qui ponctuaient sa conversation.

Je pris donc la chose en riant, et je lui fis la première citation stupide qui me passa par la tête : ' Les gens que vous tuez se portent assez bien,' avec le rire vide qui s'adapte si bien aux propos de société.

' Ne riez pas,' me dit-elle ; ' vous êtes le témoin d'une tragédie ; celle de ma vie. Vous croyez—beaucoup même pensent—que Jean vit ; c'est une grande erreur. Je l'ai tué, vous dis-je. J'accorde qu'il a conservé assez d'apparence de vie pour l'existence ordinaire, pour ses affaires, pour son club. Pour moi, il est mort. Voulez-vous savoir, vous qui vous piquez d'observation, comment nous nous y prenons, nous autres femmes, pour tuer nos maris ? C'est bien simple, allez : je vais vous expliquer le procédé. Aussi bien, vous êtes garçon et vous ne comprendrez pas.'

J'avoue que je commençais à rouver la situation assez gênante. Mrs. B** se penchait de plus en plus vers le foyer ; il n'y avait plus qu'une flamme qui lui léchait la figure, lueur ne laissant visible que le reflet d'acier de ses yeux.

' Cet homme que vous appelez votre ami,' continua-t-elle, après un silence, ' avait juste un peu de vie, autant de flamme, tenez, que ce foyer qui va s'éteindre, quand je l'épousai. Il comprit de suite, vaguement, qu'il s'était trompé en me choisissant. Je dois lui rendre cette justice qu'il n'a pas insisté outre mesure. Comme il devait vivre avec moi, je n'ai pas tenu à renouveler l'expérience et j'ai préféré faire de lui un cadavre.'

' C'est le père de vos enfants,' m'exclamai-je. Je n'étais pas en train, ce soir-là, et je ne reculai devant aucune banalité, tant mon trouble était grand.

' Oh oui ! ' reprit-elle, ' mais cela, c'était avant sa mort. Pour abréger, je l'ai tué à coups de silence. Vous ne vous imaginez pas comme je sais—comme chaque femme sait—se servir de cette arme. C'est tout simple. Quand il me parle, je ne lui réponds pas, et je l'enveloppe d'un linceuil de phrases ininterrompues. Quand il vient vers moi, sobre ou ivre, je mets entre nous le souvenir des silences passés, et cela l'arrête. Il commence à marcher de long en large dans la chambre, en fumant son cigare. Alors toutes les banalités non exprimées, ses citations de plaisanteries entendues à son club, toutes ses bonnes histoires enfin, lui remontent littéralement à la gorge.

' J'éprouve, vous le concevez, une sorte de volupté à suivre son étouffement lent, continu, et je le vois peu à peu se rapprocher de la porte, comme tout à l'heure, cherchant sa phrase de sortie. Le pauvre homme, il éprouve encore le besoin de s'excuser. S'il savait que, depuis des temps, je le considère comme sorti. C'est toujours le même effort et le même résultat lamentables. Je l'ai tué, je vous le répète. Je l'ai chassé de cet intérieur ; il n'y peut respirer. Je l'ai mis sous une cloche de silence ! '

'Mais enfin, Madame,' m'écriai-je, par esprit de corps, 'que vous a-t-il fait, ce brave Jean ? Nous le considérons tous comme un bon garçon ! '

Elle me regarda un moment, puis sourit : 'Voilà,' dit-elle, 'c'est un bon garçon ; je ne vous l'ai pas fait dire.'

Au milieu du silence rétabli, les pas du mari se firent entendre ; et j'avoue que ce son m'impressionna lugubrement.

Mrs. B** se remit à regarder le foyer. Jean entra, et, avec ce rire spécialement créé pour les maris, un rire d'emploi, il s'écria : 'Je vous y prends encore à comploter contre moi ! '

LE POINT FAIBLE

'L'honneur, cher Valincour. . . .'—Boileau, *Epîtres.*

'Vous voulez savoir comme j'ai été déshonoré,' me dit-il, en ôtant la pipe de sa bouche, tandis qu'il essuyait sa moustache, avec le geste machinal du buveur invétéré. 'Ce n'est pas bien compliqué. Aussi bien, nous ne sommes " nulle part," et nous ne nous retrouverons plus. Aujourd'hui, en voyant votre uniforme, j'ai eu comme un frisson de cette vieille fièvre de l'ancien monde, qu'on appelle Honneur. Il y a bien dix ans que cela ne m'est arrivé. Je serai forcé de doubler ma dose d'opium, ce soir.'

C'était un étrange endroit, celui où nous causions. Deux blancs, dans un port des Tropiques, au milieu du tumulte des Malais, sang-mêlés et autres, qui chargeaient un navire en partance, à quelques pas de nous. Je l'avais invité, lui, seul blanc, à prendre une consommation au petit 'public-house' sur le quai. Il n'avait pas bu trois gorgées de son whisky qu'il me racontait sa déchéance :

'Extraordinaire jeunesse, la mienne, là-bas dans le vieux monde. Je sortais d'un vaisseau-école, avec toute la rosée des grands principes sur mes joues rondes d'aspirant. J'allais naviguer, accomplir des exploits, me faire un nom. L'honneur, surtout l'honneur, c'était ma grande passion d'alors. Il fallait se sacrifier à l'honneur, et je croyais que cela avait vraiment de l'importance.

'Ne nous avait-on pas ressassé dans nos cours d'école—je vois encore notre vieil instructeur—qu'il n'y avait que cela qui valût la peine d'être au monde? " Patrie, Honneur, voilà notre devise," clamions-nous avec des voix éraillées de jeunes coqs, dans nos répétitions d'orphéon. Mon service, le drapeau, la discipline; tout cela prenait à mes yeux une importance étonnante. Je me souviens m'être endormi maintes fois avec ce qu'on appelle " une bonne conscience," expression que j'aurais pu alors presque définir. Et ainsi pendant de longues années, avec des rêves de croix, d'avancement, que sais-je! Je passais par toutes nos stations, nos colonies, sans rien voir de ce monde, qui n'existait pour moi que comme un prétexte à l'honneur.

'Jusqu'au jour, jour de délivrance pour moi—je m'enivre regulièrement à chacun de ses anniversaires—où, dans une bordée, je connus une Malaise. Elle avait de fameux yeux, trouant son teint d'ambre, des yeux dont je n'ai jamais pu voir le fond. Peut-être n'en avaient-ils pas ? Peu importe ce qu'elle était, peu importe ce qu'elle me dit. C'était la mélodie lointaine qui accompagnait ses paroles ; une bouffée d'air étrange que je respirais pour la première fois sur un lieu haut d'où l'on ne voyait plus rien de ma hantise d'hier.

'Le lendemain je devais rentrer à bord ; je reportais un message, ayant rempli une mission quelconque à l'intérieur, d'une grande importance pour "mon" pays. Comme c'est passé tout cela ! Il y avait espoir de décoration au retour, m'avait confié à l'oreille mon capitaine ; de l'avancement sûr, enfin ce pourquoi j'avais travaillé, peiné, sué, depuis que j'étais entré dans la carrière. Je passai près d'un petit pont de planches, et je me vois encore penché au-dessus du ruisseau de la basse-ville, regardant mon reflet dans l'eau, mon costume d'officier, avec la place où resplendirait la décoration. Soudain, une créature en moi "que je ne connaissais pas" se mit à déchirer lentement, avec une sorte de volupté tranquille, le pli officiel, en laissant tomber un à un les morceaux dans le courant. Ils firent—je m'en souviens—d'assez jolis ronds dans l'eau.

'Une heure après, j'avais vendu mon uniforme, je m'étais enfoncé dans l'intérieur et . . . me voici,' dit-il en rallumant sa pipe et en appelant le cooli, pour remplir son verre. Nous parlâmes de beaucoup de choses ; il me raconta d'autres histoires de sa vie sauvage, toujours avec un tranquille mépris des idées reçues et une lente jouissance de l'horrible.

Ses derniers mots, quand il me quitta, en chancelant quelque peu, furent : 'Maintenant, je suis guéri.'

LE PORCHE

' On parle beaucoup de conflit,' me disait-il en me montrant le livre de Le Dantec, 'mais tu conviendras avec moi que c'est une singulière façon de combattre une religion, monologue s'il en fût jamais, que d'adopter la forme dialoguée. T'es-tu quelquefois figuré la réponse vraie de ces pauvres victimes—créations de notre imagination—qui nous servent de têtes de turcs, et que nous accablons des foudres de notre indignation vengeresse ? Depuis Pascal jusqu'à Le Dantec, en passant par Diderot et Voltaire, que d'accusés condamnés sans être entendus, à qui l'on interdit systématiquement de "poser la question"! Plaignons ces éternals sacrifiés par des plumes illustres, plaignons les Interlocuteurs.

' Mais,' reprit-il, ' quand nous nous fûmes amusés quelque temps à esquisser les réponses du Père Jésuite des *Provinciales* et celles du Vicaire du *Conflit*, il en existe un autre conflit, et là s'engage un terrible dialogue—mais en nous—entre nos convictions extérieures, le fruit de nos combats et de nos efforts, et cette discrète réponse, à peine formulée, que nous entendons surgir du fond de nous, aussitôt le calme rétabli : la voix de notre enfance, de nos habitudes, de nos affections.

'Je vais, à ce propos, te raconter un rêve. En est-ce un ? j'en doute, tant il m'a laissé une forte impression. En tout cas, il aurait pu être réalité. Je me souviens que c'était dans le second sommeil, celui que l'on reprend avec la conscience du réveil proche. Une porte s'est ouverte, semble-t-il, dans notre intérieur, laissant passer un peu de jour, un peu du froid de la réalité. Mes rêves les plus forts, j'entends ceux qui restent après le réveil, m'arrivent toujours à ce moment. Il semble que la mémoire reprenne des lambeaux de ces visions.

'C'était donc un matin de dimanche, avec le grand balancement des cloches dans un village, mon village. Par la grand' rue du bourg passaient des gens des hameaux, avant les trois coups. Comme toujours, ces matins, ma mère et une autre personne qui m'a soigné depuis mon enfance—une seconde mère pour moi—étaient descendues dans la grande salle avec leurs livres de messe. Dans mon enfance, nous tous, les enfants, nous partions avec elles, et depuis, ç'avait été toujours pour moi un serrement de cœur de les laisser s'en aller seules.

'Puis un grand silence ; une porte se refermait, celle du jardin, donnant sur la rue.

'Je me retrouvai—par une saute de rêve—sous le porche de l'Eglise, avec un ami. Cet ami, tu le connais, c'était le chef du grand parti dont je suis membre. Comment se trouvait-il là ? Je lui montrai quelques vieux piliers, reste de l'ancien édifice aujourd'hui gâté et restauré. Les deux portes s'ouvraient avec une bouffée de musique d'orgue et de chants ; ou chantait l'"asperges me, Domine."

'Et alors eut lieu un phénomène étrange en moi ; je me dédoublai—je me voyais, petit garçon près de ma mère, frôlant les chaises, montant vers le chœur, à la place où la famille s'est agenouillée pendant des générations. On passait près des cousins, des amis, des connaissances ; on lisait sur les chaises des noms d'ancêtres.

Je voyais cela du porche, tout en discutant d'un air détaché l'âge probable des colonnes ; je sentais de loin un regard qui m'attirait et je résistais. Près du porche, sur la place du village, le silence vide ; dans l'église, l'harmonie, le doux recueillement.

'Aussi,' conclut-il, 'quand je lis ces livres, si convainquants qu'ils soient, ces dialogues de combat, je me figure parfois que, derrière ces affirmations, flotte un vague regret. Tant mieux pour leurs auteurs s'ils ont pu quitter entièrement l'Eglise ; j'entends, tant mieux pour leur repos. Le Conflit alors n'est plus douloureux. Quant à moi, je suis resté toujours au parvis du temple, sous le porche.'

PROGRÈS DE LA SCIENCE

Dans un village retiré, comme collé sur une des collines du Comté de C**, se passa il y a quelques années un curieux "fait divers." Vrai type de village anglais, cet H** ; la grand route formant la principale rue ; deux auberges avec leurs enseignes énormes : Le Soleil et le Roi Georges ; une cohue de petites maisons qui se talonnaient, en leur course au clocher.

Il avait plu toute la nuit du samedi au dimanche ; le soleil luttait contre le brouillard qui montait des prairies. La cloche sonnait frileuse dans l'air gelé ; par les portes des cottages sortaient les gens du village, hommes et femmes endimanchés, se rendant à l'église, leurs Bibles sous le bras. La cloche sonna un dernier appel, puis se tut.

Déjà l'église tremblait de tous ses murs ; elle accaparait la vie du village ; l'hymne montait, se gonflait, puis s'arrêtaït soudain, comme une respiration. Un enfant de l'école, distrait du ‘service,' entendit soudain au milieu des sons de l'orgue un passage brusque de bruit. Il lui sembla qu'un cri humain s'y mêlait, mais cela se perdit dans l'éloignement et dans le sommeil qui montait en lui. Il n'y arrêta pas son attention.

Au dehors, une heure de silence, traversée de chants de coqs, de bruits de basse-cour, de beuglements de vaches. Puis on entendit un dépliement d'habits froissés, d'articulations ankylosées. Une forme parut, puis deux. C'étaient des fermiers, des ouvriers, la barbe en collier, qui se pressaient pour arriver au cabaret, au moment légal de l'ouverture des portes. Puis des groupes de gens sous le portail, arrêtés en causeries ; enfin petites filles et petits garçons, rangés deux par deux, défilèrent tous l'œil sévère du clergyman et des dames de l'Ecole du Dimanche.

Après, un éparpillement de l'arrière-garde de la congrégation, dans les tombes du cimetière.

La tête de la colonne scolaire, deux petites filles en bleu, perçut l'école rivale, qui venait de la chapelle méthodiste ; une rencontre était inévitable, et les conducteurs de chaque école se préparaient à échanger des regards froids, empreints de charité chrétienne. Un frémissement courut les deux colonnes.

Soudain, au moment du choc, comme au chemin creux d'Ohain, se fit un recul d'horreur. Les deux chefs de 'persuasions' rivales coururent voir ce qui était arrivé.

Sur le chemin une forme couchée, un homme, de rigidité cadavérique ; la 'mare de sang' stagnait déjà. Les deux leaders échangèrent des remarques appropriées à l'occasion ; soudain réconciliés, ils crurent conjointement à un crime. On envoya deux élèves chercher l'unique policeman et, avec l'aide de deux ouvriers, on emporta le cadavre chez le pharmacien.

Puis les deux écoles reprirent parallèlement leur route, comme deux trains qui se longent ; les faces de maîtres et élèves étaient agitées par des convulsions brusques de curiosité, tendues par l'espoir de raconter l'accident à la table familiale, avec une certaine satisfaction 'd'avoir été là,' qui rendrait meilleur le gigot cuit au four et les pommes de terre fumantes.

L'enquête du Coroner eut lieu le lendemain ; on reçut les dépositions du clergyman et du ministre méthodiste qui—chose étonnante—concordèrent. Le jury de villageois prononça son verdict de meurtre et . . . on n'en entendit jamais plus parler.

Le petit garçon ne révèla jamais qu'il avait entendu un appel d'automobile et un cri, de peur d'attraper la 'canne' pour inattention pendant le service divin.

UN CRI DANS LA NUIT

Des pas pressés ; le bruit d'une altercation s'enfle et décroît, reprend plus loin, s'approche. Ce sont deux voix : une femme, un homme ; soudain, un cri strident, suivi du bruit mat d'une chute ; un corps qui s'abat.

C'était au soir dans une ville du nord, où les habitants, à l'ivresse familiers, établissent ainsi les relations des sexes. Fait banal que cette querelle ; le lendemain, on trouva du sang sur le trottoir : voir la suite dans des faits appelés divers, vu leur monotonie.

La sonorité tragique de ces scènes entrevues, sur les fonds enflammés des 'public-houses,' emplit d'horreur les rues macabres des grandes villes, et le passant poursuit sa route, en proie au double sentiment de la peur d'intervenir et du remords de sa lâcheté.

'C'est ainsi,' me disait-il, 'que pour la premiere fois, du fond de cette chambre à l'étranger, a surgi devant moi la bestialité des sexes . . . Cette idée—prolongement de ce cri—me poursuivit dans mon sommeil. Le lendemain, un goût âcre pour les sports de la misère me fit aller au poste de police où l'on avait transporté la malheureuse évanouie.

'J'entrais, avec la foule des indifférents, et dans le crépuscule d'un de ces confessionnaux des grandes villes, je la vis, la malheureuse, encore étendue sur un lit de camp. Le médecin avait d'abord dit qu'il craignait une fracture du crâne ; le bandeau qui l'enveloppait laissait à découvert deux yeux égarés dans une face mince et douloureuse.

'Elle faisait en ce moment sa déposition. Son mari—elle l'avait épousé jeune—s'était bientôt livré à la boisson ; ils s'étaient séparés. Plusieurs fois elle avait dû lui fermer la porte, car elle avait des locataires chez elle (c'était son seul moyen d'existence). Chaque fois qu'il lâchait son travail, il revenait lui demander de l'argent.

'Il errait le long de la maison, espionnant les enfants (leurs enfants) quand ils sortaient pour faire des commissions : il revenait frapper alors à la porte, et la plongeait dans des terreurs folles. Oh ! ces dialogues pardessus la chaîne, dans l'entrebaillement. "Il voulait rentrer chez lui," disait-il, "il en avait bien le droit." Et le seul fait de cette brute cherchant de l'argent pour boire paralysait cette existence de femme.

‘Elle ne savait comment échapper : hier, elle l’avait rencontré au coin de la rue. Il la guettait, et, comme elle refusait encore de le reprendre chez elle, il l’avait frappée et jetée à terre.

‘Je me disais, en examinant la figure impassible du constable écoutant la déposition, qu’il devait être blasé sur de telles scènes, de fréquente occurrence. La femme, elle-même, ne semblait pas espérer voir la fin de ce long martyre. D’ailleurs—en Irlandaise qu’elle était—elle prenait la vie comme elle venait, elle excusait même son mari en disant : “ Ils sont tous comme cela ! ”

‘Après avoir pris la déposition, le “ constable ” dit qu’il ferait surveiller l’homme, et, qu’en attendant, il aurait de la prison, si l’on pouvait l’attraper. La femme revint en chancelant chez elle, ce qui fit croire aux bonnes commères du quartier qu’elle avait été arrêtée pour ivresse sur la voie publique.

‘Vois-tu,’ reprit-il, ‘la situation de toutes ces femmes, quand elles veulent remonter à la surface, replongées dans le gouffre par ceux qui leur ont promis “ aide et protection.” Cela durera ainsi, jusqu’ au moment où son mari l’accostera, furieux de sa prison, et ne la manquera pas, cette fois.

Ce sera un autre cri dans la nuit ! ’

AGORAPHOBIE

Couchés sur l'herbe, du haut de la colline nous attendions, résignés, l'approche du cortège annoncé, pour la Fête des Roses : petite cérémonie qui avait le don d'exciter le populaire. Soudain le vent nous apporta le premier accord, avec ces subites enflures de son qu'on perçoit dans ces cruels orchestrions américains, au ventre rempli de gémissements féroces, comme un vaisseau-négrier.

'Les voilà partis,' dit mon ami ; et nous analysâmes l'intense comique d'une foule marchant au pas derrière une 'musique' de village, en diluâmes l'essentielle absurdité, ressentant malgré nous un besoin de nous lever et de suivre.

'Et l'on se moque des nègres !' observa-t-il de nouveau, 'il y a du nègre dans toute foule, dans tout orphéon, dans toute musique militaire. Le besoin d'être décoré, d'avoir sur sa poitrine de la verroterie, et de porter ou de suivre " les plis somptueux du drapeau." J'aime mieux ces barbares ; ils ont au moins une musique originale, et le monotone tambourin des Arabes m'a souvent plongé dans une vision de défilés de caliphes, avec des têtes suspendues aux selles des chevaux, fines silhouettes. Mais la musique moderne dans les villages, cela fait penser à un système d'extension d'Université d'éducation pour les masses.'

Au bas de la colline, sur la route, on pouvait distinguer les enfants des écoles défilant au pas ; les petites filles avec des roses dans les cheveux et des corbeilles de fleurs ; les garçons, plus mornes ; des taches noires dans tout ce blanc, représentant des minstrels ; puis des chars, interminablement. La musique jouait avec férocité.

'Et cependant,' repris-je, en lui montrant ce cortège, 'tous ces gens, petits et grands, semblent être heureux. Ils éprouvent une joie collective, celle qu'on ne raisonne pas, mais qu'on sent forte et bâtie sur des émotions profondes. Sans doute, ils ne dissèquent pas leur joie, mais ils la sentent en masse. J'ai souvent envié ces délires de grande foule ; on doit avoir la sensation d'une vague qui vous porte, une vague de fond.'

L'orchestre éclata soudain, à un détour de route ; il entrait dans la prairie où l'on allait célébrer la fête et distribuer les prix.

‘ Bien du plaisir avec ta foule,’ répondit mon ami, qui se tenait la tête presque à ras de terre, ‘ je ne veux pas la voir ; je n’ai rien de commun avec elle, la Bête. J’en ai peur, au point de prendre une rue déserte, lorsque j’entends venir une musique militaire. Je ne suis pas de ceux qui vont voir “ le régiment qui passe.”

‘ Elle me paraît, cette foule, par son contact, par son bruit même lointain, m’enlever toute ma personnalité, me déplanter. Il y a, je crois, une sorte de vertige qu’on appelle : “ Agoraphobie.” Pour moi, je suis toujours et de parti pris contre la foule, même quand elle a raison, car même alors c’est “ une raison de foule ” et je me révolte contre elle.’

Les dernières petites filles avaient disparu, et l’on entendait monter de la prairie grouillante un vague pas redoublé.

LA TRISTESSE DU BONHEUR

Nous nous promenions par une splendeur d'été, devant un panorama étincelant, sous un ciel d'un bleu dur. Je voyais sur sa face monter une tristesse, et il ne répondait à mes remarques que par quelques paroles brèves. Enfin, comme nous étions adossés à une haie,—la senteur de la vallée montant vers nous par bouffées—je lui demandai la cause de sa mélancolie.

'Tu connais assez ton Vigny,' me répondit-il, 'pour comprendre mon sentiment d'amertume, mon " froid silence " devant la nature. Mais, sans monter à cette hauteur Lucrétienne, je me sens toujours accablé de tristesse devant un paysage gai. Je n'éprouve de joie profonde que par les temps noirs et brumeux. Serait-ce qu'un jour brillant nous montre le vide d'un accomplissement, notre impuissance à rien y ajouter ?

'Tu as connu, tu as vu du moins, celle avec qui j'ai vécu tant d'années de ma vie ; les plus heureuses, disaient les quelconques ; pour moi les plus lugubres. On avait surnommé notre demeure : " La Maison du Bonheur." Or c'est bien ce bonheur, clair et dur comme ce soleil, qui nous a empêchés de nous comprendre, de nous pénétrer. Fortune, succès, l'admiration et le murmure envieux de la société, tout nous portait, mais où ? Toujours dans une autre sphère, claire et vide. La malédiction du jour nous a poursuivis, comme les héros du grand drame d'amour.

'Je la vois encore,' reprit-il comme en songe, 'je la vois resplendir sur une de ces pelouses brillantes d'un vert cru, dans un éternel Garden Party. Elle s'y mouvait toute en splendeur, sans ombre, sans rêverie, dans l'implacable et vide beauté de son sourire ouvert. Pour moi, elle était comme pour ses admirateurs : " la belle Madame C** " et sa voix fraiche et claire, comme elle sonnait "friedlos," sans oasis de gravité ou de tristesse reposantes.'

'Tu vois,' reprit-il, 'cette route qui rougit au soleil, un flot de lave sans nuance : c'était notre vie. Et quand je pense que les malheureux, ces bienheureux malheureux, nous jalousaient !

'Toujours, dans la vie, qu'elle fût seule avec moi ou qu'elle " brillât " en société, elle était parfaite. Peut-être souffrait-elle aussi de cette armure de splendeur, peut-être la trouvait-elle lourde ?

Je n'oublierai jamais—je te dis tout, à toi—son dernier regard, lorsqu'elle mourut presque subitement, au retour d'une soirée, où elle avait encore triomphé. Tandisque je la tenais dans mes bras, défaillante, et que je vis ses paupières se baisser lentement sur ses yeux encore brillants, il me sembla qu'une joie—joie de tristesse et de calme—montait en elle ; et je sentis que j'aurais pu l'aimer ainsi.

'Tu t'étonnes parfois de me voir chercher l'ombre ; c'est que j'ai eu assez de la clarté implacable du jour, du bonheur sans merci.

'Viens,' reprit-il, 'montons encore ; le vent se lève et les nuages s'amassent. Enfin, il va disparaître ce soleil féroce, elle va sombrer cette vie trop claire !'

TABLEAU D'INTÉRIEUR

La pluie battait les vitres à la volée, et, dans l'unique rue du village, de vagues raies de lumière faisaient parfois un sort splendide à des mares de boue ou à des flaques d'eau. Plus loin le vent s'abattait sur la plaine et parfois—charge de cavalerie sur un carré—venait s'écraser contre la colline, indiquée par une masse d'ombre plus dense dans le trouble crépusculaire.

Le sifflet du train se traîna dans la nuit et le bruit du départ s'effaça bientôt. Nous étions, presque sans préparation, tombés dans l'ombre. Il nous fallait gagner l' 'inn' qu'on nous avait recommandé, et le plus vite possible, car la pluie redoublait de violence. A demi courbés, pour mieux résister à la bourrasque, nous échangions des paroles mouillées, nous décrivant réciproquement le feu qui nous attendait là-bas, dans la grande salle, et le large souper illuminé.

Contraste comique—peu senti alors—entre ces descriptions rabelaisiennes et notre pataugement dans la boue. Nous longions les haies bordant le chemin, avec des trous vagues de prairies dissoutes dans la pluie. Nous commencions à craindre de nous être trompés de route.

'Ah ! je crois que nous avons trouvé notre affaire,' s'écria soudain mon ami, en me montrant une lueur solitaire. 'Tant pis, il faut absolument aller aux renseignements, au risque de déranger un tableau d'intérieur. Nous tomberons sans doute au milieu d'un " Wilkie " : la vieille mère lisant la Bible, l'homme fumant sa pipe, et nous autres, tout dégouttants, introduisant la nuit et l'ombre nécessaires pour repousser cette lumière.'

'Essayons,' lui dis-je, 'tout au plus risquons-nous d'être jetés dehors, comme de vulgaires Romanichels.'

En causant ainsi, nous approchions, et l'idée me vint de regarder d'abord par la fenêtre le tableau d'intérieur que m'avait décrit d'avance mon ami. Soudain je reculai ; une femme était étendue sur le sol, avec une plaie à la tête, et l'homme, la brute, le mari, la frappait ; il semblait prendre un plaisir particulier dans ce sport, comme un boxeur qui durcit son poing sur un sac de son. Je frappai sur le bois de la croisée, et il s'arrêta ; il regarda d'un air aviné, abiéré plutôt, et la femme se releva péniblement.

Je dis à mon ami ce qui s'était passé, et nous convînmes de porter plainte. Nous arrivâmes enfin à l'auberge, et, le lendemain nous fîmes une enquête ; mais, comme c'était un matin de dimanche, nous trouvâmes tous les cottages envahis par une sorte de blanche respectabilité.

Quant à la maison, impossible de l'identifier ; les gens du village ne purent ou ne voulurent nous donner aucun renseignement.

AU PAYS DES PURES VOIX

Nous venions d'entendre une de ces voix rares qui purifient l'atmosphère gazifiée, lourde de philistines respirations, d'une salle de concert. Malgré les applaudissements poussiéreux du public, nous étions là à rêver à cette fraiche source de joie, quand mon ami me dit : ' Oh ! le pays des pures voix, y as-tu jamais été ?

' Fais abstraction—chose facile—de ce public et de cette scène, et suis-moi où je vais te mener. " Bien loin des œuvres et des vierges," comme dit Laforgue, en une clairière, de calme lumière et de paisible solitude ; entends-tu, par delà le chant des oiseaux, ce chaud murmure étouffé, plus bas encore que le bourdonnement des insectes ? C'est le "chant élémentaire," diraient les Allemands, la mélodie de la Forêt, sa voix stable et permanente. Elle ne chante ainsi que dans la solitude pour un être choisi, et ce murmure subtil le plonge presque à l'instant dans un réduit de rêve.

' Il doit exister un endroit dans le ciel, non loin des Idées de Platon, où subsistent les échos des voix pures : atmosphère sonore. C'est là qu'il se trouve, le réservoir de mélodie ; la teinte du ciel autour y est plus tendre et cérulée.'

Après avoir rêvé un instant, il reprit : ' C'est dans une telle clairière, sous un tel ciel choisi, que s'offrit à moi cette unique occasion, qui, perdue, ne se retrouve jamais. Par ma concentration, peut-être par ma "dignité" à ce moment, j'évoquai de mon rêve une forme, et je la vis, plus, je la touchai, te dis-je. Elle se dégagea de la clairière, qui s'abolit ; elle s'avança, puis, se penchant vers moi, me murmura quelques mots. Je ne me souviens plus de leur sens, et je l'ai bien cherché depuis ; mais leur intonation m'a donné plein et soudain accès au pays des pures voix. Une seconde, un moment de plus, et peut-être voyais-je " ma nature," et ce qui serait alors arrivé, je l'ignore. Peut-être une de ces annihilations ou un craquement du cerveau, comme pour Louis Lambert.

' Est-ce ma voix—que je réprimai pourtant de toute l'âpreté de mon vouloir tendu—qui éclata malgré moi, ou tout autre son étranger ? L'affreuse dissonance brisa net le contact, interrompit le courant. Un silence s'établit, silence destructeur de tout germe d'art ; la forme s'effaça, la voix sembla partir sur une longue traînée dans une direction inconnue.'

Au moment où mon ami finissait de parler, ' l'Etoile ' tant attendue, quelque chanteuse à gros caractère d'affiche, s'avança sur le devant de la scène, et la frénésie du public claqua en applaudissements.

L'ENNUI DES APRÈS-MIDI

J'avais trouvé mon ami étendu sur son sofa et dormant à poings fermés. Mon entrée le réveilla et ses premiers mots furent : ' Au diable, les Après-midi ; qui donc les a inventées ? ' Son exclamation me fit d'abord rire, puis je lui demandai de m'expliquer sa haine pour ces heures inoffensives, quoique ternes.

' Ne sais-tu pas,' me dit-il, ' que ce temps de la journée était considéré le plus dangereux dans les cloîtres ? Ce sont les heures d'ennui, de relâchement moral. T. Hardy prétend quelque part que, durant les " small hours," les heures qui ne sont ni nuit ni jour, de deux à quatre, la vitalité est à son plus bas. Je n'en sais rien, dormant généralement alors. Mais parle-moi de la durée interminable de l'après-midi. Ceux qui sont dans les affaires ou dans l'enseignement, les sportsmen et autres golfistes, peuvent encore s'agiter et se figurer qu'ils vivent pendant ce temps. Moi je fais comme Balzac : je dors ; c'est autant de pris sur l'ennemi.'

Sa boutade m'amusait, mais je vis bientôt sa figure s'assombrir : 'Que sont les tentations, l'ennui des cloîtres,' reprit-il, ' auprès de cette intolérable torture de la vie lente ? Tous mes malheurs me sont arrivés pendant cette période de la journée, quand j'avais le moins de force pour les supporter, pour résister au choc. Aujour d'hui encore, même vacciné par la vie, un coup de sonnette pendant ces heures résonne lugubrement à mon oreille ; il annonce pour moi des télégrammes, des lettres de faire part, des pertes de parents, d'amis, que sais-je ? Aussi ai-je commandé à mon domestique de ne jamais me réveiller pendant ma sieste.'

'Tu admires donc les Orientaux et les gens du midi ?' lui dis-je.

'Eux,' répondit-il, 'ce sont les vrais sages ; ils ont adapté la journée à leur bien-être, tandisque, dans le nord, nous sommes esclaves de nos affaires. D'ailleurs le soleil et la chaleur les avertissent de ne pas sortir, qu'il n'y a rien à faire, dehors.

'Ma répulsion pour ce moment de la journée est due d'ailleurs à une cause plus profonde. J'avais une sœur, gaie, vivante et passionnée, qui est soudain entrée en religion dans un coup de mysticisme. La vie et nos opinions nous avaient séparés. Un jour, j'appris qu'elle désirait me voir : j'y allai, une après-midi d'été. J'entends encore ses pas sur le plancher ciré du parloir, et je vois ses grands yeux ardents sous sa cornette et ses traits amaigris, brûlés d'un feu intérieur. Je lui racontai ce qui se passait à la maison et lui donnai des nouvelles de notre famille, de nos amis. Soudain elle me prit la main de sa pauvre main, longue, fiévreuse et blanche, sortant des longues manches, et me dit à voix basse : ' Mon frère, crains les après-midi ; j'en meurs ! '

'Elle me quitta et, peu de temps après, nous apprîmes sa mort.

'Pauvre sœur, elle m'a transmis son horreur des heures lentes. Allons', reprit-il brusquement, ' voilà le soir qui vient et la vie. Tu as apporté les documents que je te demandais. Travaillons ! '

Vaisseaux qui passent dans la nuit,
Formes vagues, fuite légère,
Frôlement d'ombre et de lumière :
Vaisseaux qui passent dans la nuit.

Est-ce un courant noir de poussière,
Ce passage qui chauffe et bruit,
Message haletant qui s'enfuit,
Est-ce un courant noir de poussière ?

Je le vois, j'entends le sifflet
De machines râlant des plaintes
Avec la fournaise en reflet.

Et je m'en retourne, lassé
De bruit, quand je cherchais des teintes
Dans les brouillards de la Mersey.

C'est un moment plus triste que le soir,
Celui qui glisse au crépuscule
Dans le jardin qui se recule,
Avec son cadre de branches, en encensoir.

Par les sentiers illuminés sous la broussaille
Rampe le serpent de pâle mélancolie,
Avec des silences d'ombre qui s'humilie,
Quand l'âme du promeneur désolé tressaille.

Ce ciel de soir recouvre une campagne morte,
Avec l'écho des pas, qui plus ne passeront
Sur des terres livides ; lasses, elles vont
S'endormir au chant des nuages, leur escorte.

Une langueur s'exhale de nos désespoirs,
Se traînant devant nous : pâle sœur Camaldule
Qui dans un cloître, à pas solitaires, circule
En des tours monotones, par les longs couloirs.

Les voilà bien loin, les cloches, les belles,
Elles vont, laissant un train de regrets,
Dans le vent d'avril quêtant des nouvelles,
Selon des chemins obscurs et secrets :
Les voilà bien loin, les cloches, les belles !

Un signal les guide, aimant fatidique,
Au concile des cloches catholiques.
Le passant regarde, au ciel qui s'endort,
Il voit s'allumer en guirlande d'or,
Le signal limpide, aimant fatidique.

A Rome un décret les a convoquées ;
Après leur passage, un sanglot s'étend,
Frissonnante trace des voix lactées,
Interprète du remords pénitent :
A Rome un décret les a convoquées.

Elles reviendront, les cloches d'émoi,
L'ivresse de son grandit, s'accélère,
Vague débordant d'ardeur et de foi,
Par les corridors, dans le monastère.
Elles reviendront, les cloches d'émoi.

Les pâles, les beaux lys, candides, éperdus,
    Se pressent, effrayés,
Et leur haleine monte au haut des rocs ardus,
    Etreints, ou parsemés.

Existences, langueurs
    De vent bercées,
Ils chuchotent, ces chœurs
    D'errantes fées.

Sur les bords du grand fleuve,
    Les pieds baignés,
Qu'un rayon les émeuve,
    Les voilà nés.

Toujours ainsi les lys hantent les rocs ardus,
    Et s'arrêtent, minés
Par le sens infini de grands efforts perdus,
    Les pâles obstinés.

La rue morne pâlit d'horreur et recule
    Sous le manteau froid du crépuscule.

La baie sombre et bée
    Après le vent qui plus ne soufflait.

Du Phare la lueur s'effare
    Et raie d'éclairs rares

La mer amère, la rue qui s'embue, la baie qui bée.

Sous un jour gris de soupirail,
En voûte d'accablement,
J'entendais un grondement
De train roulant sur le rail.

Toujours montant, toujours grondant,
Il semble parfois qu'il détonne.
Ce bruit me hante, il m'étonne,
Lent, démesuré, harcelant.

Soudain brille un rayon de lune :
Et c'était la mer, et c'était la dune !

Sur la grâce hésitante et balançante
    D'une mer d'été,
La nuit calme et résonnante
    Dresse sa tente de beauté.

Et, loin du grondement, au ciel
La lune, douce et familière
Oscille, luminaire
Limpide, essentiel.

Il est un mont austère de pèlerinages,
Tout le long grimpent les escaliers des âges.

Le premier va s'attardant au seuil du monde,
Et les pèlerins y sentent son onde.

La forêt, au second, les prend ; ils disparaîssent,
L'on croit qu'ils ne sortiront plus de ses caresses.

Au sommet les surprend l'air, l'aube souveraine,
Ils y oublient et leur joie et leur peine.

Aux arcs triomphants, aux portes des villes,
Passent les vainqueurs du jadis fumeux ;
Ne pourrons-nous voir, enivrés, fameux,
Notre pompe qui devant nous défile ?

Appels de clairons, sonnantes clangueurs,
Notre idée en air de fanfare éclate,
Au front nous surgit la pourpre écarlate,
Nous sommes de nos rêves les vainqueurs.

Et sur la pente sonore qui glisse,
Notre ambition fière va s'élancer :
Jument de guerre à l'armure d'acier,
" Elle entre en triomphe à Persépolis."

Elle s'épanche,
    Aile blanche,
La mer en lait amer
    Sur la baie.

Un regard jeté,
    La jetée
S'étend en de hagards étangs.

Le cruel regard d'un ciel hagard
Hante la plaintive, allante rive.
Les flous reflets mous s'effraient,
    Sous l'haleine frileuse
        En laine onduleuse ;
    Les fumées, houles humées
        Du vide,
S'écroulent en la ville futile et languide.

La molle lueur en blancheur s'immole,
    Sanglots suaves,
    Des flots épaves ;
Tresses en sueur de la sœur prêtresse,
    Aux voix qui croassent,
    Quand passent
    Les sinistres convois
    Des ministres
    De sang.

Une note s'élève et, tendre, flotte en rêve,
        Gracile
    Cendre d'exil,
    Et se penche, amitié
    Blanche pitié
        Unies
    (Génie de Lune)
    En une
    Iphigénie.

Au loin l'on perçoit un sourd roulement
A ras des pavés neutres de la Flandre,
Languide, lassé, parfois haletant :
Ce ruban de queue, on le voit s'étendre.

Le gémissement des chariots lents
Par les routes, les sentiers noctambules,
A l'aube gelée, aux gourds crépuscules :
C'est le chant des mélancoliques champs.

Sur la grand' route, en deux colonnes ils s'en vont,
Les arbres ; ils ont l'air d'étranges cavaliers,
Aux froissements d'armes et de cimiers,
Par les mornes plaines, en échelons.

Sur les champs se vont épardant leurs frêles ombres,
Vagues se mêlant à d'autres vagues sans nombre :
Ils passent, chuchotant à leurs voisins
De secrets aveux, déjà bien éteints.

Au loin on les voit se fondre, confuse masse,
Dans l'escadron serré, mais derrière s'espacent
Les retardataires, enfants perdus
A qui le rappel n'est point parvenu.

Il tombe des pans d'air comme des pans de mur,
Qui s'écroulent sous un marteau d'ivre géant.
On entend des cloches l'ébranlement
Dans l'air matinal d'un Dimanche dur.

Il pleut ; mornes, les gens vont à la messe,
Leurs souliers neufs avec peine évitent les mares.
Il va se ralentissant en coups rares,
L'appel, lavé de pluie et de tendresse.

C'est le piétinement du grand troupeau qui passe.
On se hâte : bientôt vont sonner les trois coups.
L'orgue va vibrer en longs accords doux,
A l'Église, on ferme la porte basse.

C'est l'ardeur fauve et c'est la vie ;
Le blé superbe ondule et chante,
Langoureux air de valse lente ;
Au ciel une alouette crie.

La route défaille ; les herbes
Etouffent les courants taris ;
Des saules l'ombre en friselis
Frissonne sur les pâles gerbes.

C'est un repos de laisser là
Notre âcre deuil et notre ennui,
Et, semeur, d'épardre parmi
Les champs notre souvenir las.

Silence auguste, paix souriante, accalmie ;
Elle se fait caresse la dure lumière :
Des cris épars, appels d'oiseaux, une endormie
Splendeur se déroulant, lente paupière.

Des champs on rentre avec des pas plus lourds d'allure.
On laisse le travail ardu pour les demains,
Et dans la tête, après l'âpre travail des mains,
Bourdonne un chant confus, sourd un vague murmure.

Le marais où les eaux stagnaient va se raidir,
Il se répand un ininterrompu murmure.
Tout s'assoupit, arbres, défaillante masure,
S'enfoncent sous ton poids, neige du souvenir.

Pas un frisson d'oiseau ne court dans le lointain
Rigide, l'horizon l'encercle, taciturne.
Pas de son étranger ne trouble le nocturne
Paysage aux contours pâles, livide étain.

L'air calme s'ébranle soudain d'un glas
Qu'un brusque sanglot du battant sépare.
Une étreinte d'angoisse vous effare,
Et les gens vous disent : ' C'est un trépas ! '

Chacun se demande : ' Qui donc est mort ? '
Au fond resurgit la misère ancienne,
Et, si peu que notre âme se souvienne,
On sent de l'oubli le subtil remords.

La pluie à la campagne
Incessante, chaude, sans dureté,
    Tombe pendant l'été,
Dans la molle terre qui perd, qui gagne.

Il n'est rien qui l'arrête,
Ni murs, ni trottoirs, ni pavés ;
    Elle coule en flots lavés,
Toujours plaisante, toujours prête.

La pluie entraîne aux champs,
En une ronde qui l'amuse,
Troupeaux, bêtes et gens,
Et les arbres, ligne confuse.

Un sentier passe en ma mémoire,
Oh ! la vieille, la vieille histoire !
C'est le sentier de mon passé.

Passez, pas de mon lent passé,
Discrétement, et n'effacez
La trace de mon âme ancienne.

En mon cœur chante une antienne
Frêle, impalpable, aérienne :
Un air si pâle et si charmant.

Sur les lents, sur les troublants champs,
Qui m'enlacent, m'hallucinant,
Je suis la trace qui me lasse.

Le soc de la charrue y passe,
Fer niveleur dans cette masse,
Faisant de sillons une rue.

Les sillons mous de la charrue
Ont aboli le vieux sentier.

Dans le grand jardin aux pénétrantes allées,
Ou dans la maison vieille aux sonores passages,
J'entends sonner ses pas, ses paroles ailées,
Lueur qui flotte, ample manteau lourd de présages.

Toujours seul je rêve à la fière attitude
De son esprit, aux bas concepts toujours rude,
Abhorrent aux contacts de la platitude.

Ah ! je te comprends bien, et tu laissas en moi
—Fier héritage, sûr pays dont je suis roi—
Un dédain pour ce que la foule appelle gloire,
Un rire pour l'autorité de l'illusoire.

O ma chère fierté que dore son sourire,
O rythme de mon cœur, oû s'imprime son pas !

Du thé languide se répand l'odeur orange.
Ange des élixirs, des parfums concentrés,
Tressailles-tu, m'ouvrant des pays adorés,
Orée âpre d'un bois de pins, d'allure étrange ?

Ton sourire, empreint de hauteur mystérieuse,
Rieuse enfant, d'un délicat reflet lointain
Teint mon souvenir, en un poudroiement divin,
Vainquant par sa douceur mon âme langoureuse.

Robe d'or pâle, avecque de mystiques franges,
Rangées au long d'un pourpre et onduleux satin,
Tins-tu mon cœur emmaillotté dedans tes langes,
Engin souple, qui fus de conquête certain ?

Le parfum s'est changé ; voici la curieuse
Yeuse aux fins bras ; l'œil du feuillage éploré
L'aurait pu voir sortir, la croupe limoneuse,
Nœuds en rubans de Mélusine en sa forêt.

Dans l'ombre du soir, qui monte et murmure
    Dans la salle où je lis,
Tombe doucement, en sang de blessure,
    La mélancolie.

J'attends—mon cœur bat—ce silence dure
    Trop ; je m'ensevelis,
Je devine une présence, qu'augure
    Un air de folie.

La porte glisse et, d'impalpable allure,
    Rase le sourd tapis.
Je la vois qui vient vers moi, la figure,
    Hélas, si pâlie.

Un cri passe, un roulement de voiture
    Sonne en bas ; il emplit
La chambre, anéantissant, vague impure,
    L'image salie.

Je flottais sur un lac aux douces eaux dormantes,
(Etait-ce un rêve, ou bien l'extase des attentes ?)
Et le glissement long des rames m'endormait.

Mes bras plongés faisaient monter de frais remous
(Je les sens me glisser aux doigts, ces anneaux mous)
Le sillon virginal des eaux au loin moussait.

L'air s'épanchait avec la caresse des brises
(En quel léger terreau mon souvenir s'enlise !)
Et mon cœur voluptueusement se brisait.

La lampe fait d'étranges bruits,
A mon oreille, quand je lis ;
La lampe qui près de moi luit.

Murmure doux d'huile qui fuit
Et tombe goutte à goutte, esprit
Qui repose en un vague lit.

C'est la musique, fin conduit,
Mirage rare de la nuit,
C'est la musique de minuit.

Mon rêve s'engourdit dans les longs soirs,
Longs soirs d'été,
S'envolant au vent des lointains espoirs,
Lointains espoirs, vanité.

Les peupliers aux désolés soupirs,
Désolés soupirs confus,
Frissonnent de leurs feuilles de désirs,
Feuilles de désirs émus.

La chaleur soudaine, au morne horizon,
Morne horizon qui s'allume,
Se trahit par un délicat frisson,
Délicat frisson de brume.

Le fleuve s'étale comme du sang,
Du sang qui se coagule :
Un appel m'effare au brouillard montant,
Brouillard montant du crépuscule.

Il s'éteint, il s'apaise,
L'ouragan qui naguère grondait sans relâche,
Tordant mes nerfs et déchirant les lâches
Cordes de mon cœur,
Dissoutes en la sueur
Du cauchemar qui pèse
Sur mon front ; le succube malaise
A disparu, noyé dans la tranquille nuit.

Le bruit s'évanouit,
Un calme souverain et envahissant monte
En moi, purifiante vague,
Et c'en est fait du remords sourd et de la honte.
Par la fenêtre filtre un rayon d'aube vague.
Je la sens battre, la fraîche lame—
L'eau du repos—bain pour mon âme,
Te remplit bord à bord, coupe de mon désir.

Plus de bruit, la nuit commence,
    Elle s'impose et s'abat,
Chassant par sa présence
    Le vivant ébat.

Le feu se meurt, la lumière
S'éteint, reflet de mirage,
Dévoilant l'altière
Unique image.

On n'entend que les répons
D'office autrefois chanté ;
Souvenir de sons
En leur éternité.

Je m'endors dans tes bras de lassitude,
Plaine attendrie, aux courbes moelleuses ;
Je les sens couler en béatitude
Tes spasmes de grande voluptueuse.

Un bruit mou de pluie, un vent qui se lève
T'alanguissent, et j'entends ton sang sourdre.
Sur ton herbe douce et pleine de sève,
Luit l'aube de Mai, je vais m'y résoudre.

Je vis, bercé, des minutes heureuses,
En moi coule un fleuve de solitude,
Sur ton sein gonflé, caresse laiteuse ;
Je m'endors dans tes bras de lassitude.

De la pluie et du vent le râle
S'épard et se tord sur le toit ;
Et voilà qu'une paix australe
Vient dilater mon cœur étroit.

Elle accourt, hurlement de mer,
La bourrasque enivrante et fauve ;
N'est-ce pas un langoureux air
Qui chante du fond de l'alcôve ?

Le monde rauque et furieux
Veut nous insulter, nous abattre,
Mais je regarde dans tes yeux
Et je sens la chaleur de l'âtre.

Un sourd battement d'heure, de quart d'heure,
Fait frissonner mon souvenir qui pleure.

Il pénètre, fraîcheur, lors du lever,
Il s'épand sur vous, en un son lavé.

Le soir, il revient, doux appel languide,
Qui dans le sommeil, calin et lent, guide.

A l'heure trouble où mon esprit sent les déroutes
Le traverser avec un grand vent de malheur,
Vols d'oiseaux qui se dérobent à l'oiseleur,
Je m'abandonne au pâle enlacement des routes.

Elles suivent, par un tourbillon entraînées,
Des doigts mystérieux, qui par un signe doux
Les appellent, tandisqu' indifférents et flous
Les arbres, sentinelles muettes, font la haie.

Insistant, un mystère d'elles se dégage
A l'heure où la lunaire influence de haut
Les inonde ; elles vont, aveugles, où il faut
Arriver vite, avant qu'on ne tourne la page.

Routes, pâles tronçons, ô vous que ne termine
Aucun but et qui ne vous dirigez vers rien,
N'êtes-vous l'idéal que l'artiste a fait sien :
' Le chemin qui ne va nulle part et chemine ? '

Penser et s'abîmer devant un sourd problème,
Dans l'irrespirable air d'autre qu'un Spinoza,
Sommet froid qu'avant vous nul voyageur n'osa
Gravir, et dont la seule approche vous rend blême.

Se perdre en d'obscurs et d'hallucinants sentiers,
Avec, des deux côtés, un vide qui vous hante,
Quand la voix du mystère, avide et pénétrante,
Vous rappelle des mots qu'on n'entend pas entiers.

En l'art divin ou bien l'insondable science,
Des abîmes s'ouvrent aux fonds vertigineux,
Aux énigmes troublantes, insolubles nœuds,
Loin des chemins battus et de l'accoutumance.

www.ingramcontent.com/pod-product-compliance
Lightning Source LLC
LaVergne TN
LVHW012016160826
845678LV00002B/862

* 9 7 8 2 3 2 9 6 6 3 9 4 4 *